DIGITAL X BOOK

DXの核をなす データの価値を最大限に引き出す

佐藤 恵一 [著]

インプレス

目次

【第1章】 データ活用のためのサイクルを確立する ……………… 4

データにはモノのデータとヒトのデータがある ……………… 5

データ活用のためのサイクルを確立する ……………………… 7

　　サイクル1：収集……………………………………………………… 7

　　サイクル2：蓄積……………………………………………………… 8

　　サイクル3：活用……………………………………………………… 8

経済合理性を考慮しなければ継続性を得られない ……………… 9

【第2章】 データ活用サイクル・ステップ1：収集段階の取り組みと留

意点 ……………………………………………………………………… 10

データ収集には"信頼性重視"と"量重視"のアプローチがある ……10

データの信頼性を高めるには収集段階からの考慮が不可欠 ………… 12

　　考慮点1：計測測定装置の選択………………………………………… 13

　　考慮点2：データの発生源の特定……………………………………… 14

　　考慮点3：計測装置の確からしさ……………………………………… 14

　　考慮点4：データの収集期間…………………………………………… 14

　　考慮点5：測定項目と測定方法………………………………………… 14

　　考慮点6：アンケート項目の回答方法………………………………… 15

　　考慮点7：ルールの確からしさ………………………………………… 15

収集したデータがすべての基準を満たすケースは少ない …………… 15

【第3章】 収集したパーソナルデータ／個人情報の適切な扱い方 …… 17

欧州を筆頭に各国の動向を踏まえた対応が必要 ………………… 18

個人情報の利用を容易にするために匿名化や仮名化を図る ………… 20

個人情報／パーソナルデータの扱いでは「仮名化」がキーワードに ‥ 21

【第4章】 データ活用サイクル・ステップ2：蓄積段階の取り組みと留意点 ……………………………………………………… 23

暗号化ではデータと鍵の管理が重要に ……………………… 23
ポイント1：暗号化するたびに暗号文が変わること …………………… 24
ポイント2：暗復号鍵とデータを分離すること ………………………… 24
ポイント3：ユーザーごとに異なる暗復号鍵を用いて管理できること ………… 25
ポイント4：適切な評価機関等により安全性が確認されている暗号技術を用いること ………………………………………………………… 25

暗号文のままでの計算を可能にする秘密計算の重要性が高まる ……… 25

信頼の境界があいまいにあり「ゼロトラスト」の時代に ……………… 28

【第5章】 データ活用サイクル・ステップ3：データが出す価値 …… 30

医療分野でのデータの価値を高める「疾患レジストリ」 ……………… 30
(1) 収集段階での取り組み ………………………………………………… 32

個人情報の保護では「仮名化」と「暗号化」が重要 ………………… 32
(2) 蓄積段階での取り組み ………………………………………………… 32

同意取得は、できる限りオプトインの方法で …………………………… 34
(3) 活用段階での取り組み ………………………………………………… 34

【第6章】 領域横断でのデータ活用サイクルの確立がデータの価値をさらに高める ……………………………………………………… 36

経済合理性の確保策の1つはコスト削減のための投資 ………………… 36

エビデンスの構築と住民の継続的な参加も重要 ……………………… 38
(1) 取り組みに対するエビデンス（証拠）の構築 ……………………… 38
(2) 住民の継続的な参加 …………………………………………………… 38

パーソナルデータを安全に扱える基盤が必要に ……………………… 39

複数領域のデータの組み合わせが付加価値をさらに高める ………… 41

【第1章】 データ活用のためのサイクルを確立する

デジタルトランスフォーメーション（DX）の中核に位置するのはデータです。データを最大限活用することで、従来の"経験と勘"だけに頼らない新たなビジネスや社会サービスの創造を目指します。しかし、データを活用するためには多くの関門が待ち構えているのも事実です。本章は、データ活用のために必要な"サイクル"について説明します。

デジタルトランスフォーメーション（DX）は、デジタル技術を活用することで新たな事業や社会サービスを生み出すための取り組みです。SDGs（継続可能な開発目標）や地球温暖化対策への対応が企業経営においても重要な課題になっている今、各社の新規事業は私たちの社会との関係が、これまで以上に強まっていると言えるでしょう。

DXへの取り組みにおいて、活動の中核をなすのがデータ活用です。データ活用によって我々は、どのような社会を作れるのでしょうか。例えば「現在の身体検査の結果に基づき将来のリスクを予測し早期に手を打てる"生涯健康な社会"」や「何も言わなくても自分好みのサービスが受けられ"質の高い生活が送れる社会"」「最適な制御や生産により資源を有効に活用できる"無駄のない社会"」などなど、その夢は無限に広がります。

データにはモノのデータとヒトのデータがある

　こうした社会の実現に必要なデータは大きく、(1) モノのデータ（非パーソナルデータ）と (2) ヒトのデータ（パーソナルデータ）に分けられます（図1）。

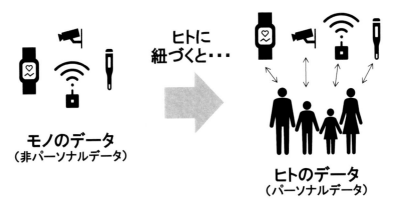

図1：社会の実現に必要なデータには (1) モノのデータ（非パーソナルデータ）と (2) ヒトのデータ（パーソナルデータ）がある

(1) モノのデータ：代表例としては、センサーデータが挙げられます。センサーには、さまざまな種類があります。物理量や化学量を計測するセンサーや、画像を取り扱うイメージセンサー、音を取り扱うマイクなどです。

(2) ヒトのデータ：個人に紐づいているデータです。モノのデータがヒトに結び付いている場合も同様です。パーソナルなデータを取り扱う場合は、個人情報に関連する法令やガイドラインを遵守した特段の配慮が必要になります。

　モノのデータとヒトのデータとは別に、データ活用のキーワードとして「ビッグデータ」という言葉を聞いたことがあると思います。ビッグ

データについて『平成29年版情報通信白書』(総務省)は、(1) オープンデータ、(2) 産業データ、(3) パーソナルデータに大別しています。

(1) オープンデータ：官民データ活用推進基本法に基づき、政府や地方公共団体などの公共機関が保有するデータをオープン化したもの

(2) 産業データ：主に企業が生成・保有するデータ。ノウハウをデジタル化したデータや、生産現場や建築物に設置されたIoT機器から収集されたデータなどが該当します

(3) パーソナルデータ：個人に関する幅広いデータ。氏名や住所といった個人情報はもちろんのこと、商品の購買履歴、インターネットの閲覧情報、GPS(全地球測位システム)などの位置情報や移動履歴、健康管理情報などが該当します

データ活用とは、これらのデータを収集し、記憶装置に蓄積し、蓄積されたデータをAI(人工知能)技術などで分析・解析することです。例えば、サブスクリプション(購読)型の音楽コンテンツサービスであれば、そのデータ活用のおおまかな流れは、こうです。

演奏している音をマイクによりデータ化して収集し、音楽データとしてクラウドデータセンターに蓄積し、音楽の特徴などをAI技術などを用いて分析・解析し、その結果を基に視聴者の気持ちや場の雰囲気に合わせた音楽を抽出・提案し、再生する

このとき、視聴者の好みの情報が個人に紐づいて管理されていれば、パーソナルデータとしての取り扱いがなされているはずです。

データ活用のためのサイクルを確立する

このようにデータ活用においては、(1) 収集、(2) 蓄積、(3) 活用からなるサイクルを確立する必要があるのです(図2)。

図2：データ活用に必要な(1) 収集、(2) 蓄積、(3) 活用のサイクル

サイクル1：収集

ICTの高度化が進み社会インフラとして定着したことや、スマートフォンやIoT(モノのインターネット)デバイスなどの普及などにより、多くの情報がデジタル化され収集できるようになりました。近年のIoT向けセンサー／デバイスは、「その存在をいかに意識させずに情報を収集できるか」に焦点が当てられているからです。

例えば、その代表例がウェアラブルデバイスです。スマートウォッチは、腕に着けるだけでバイタルデータが収集できる簡便さから、多くの人が利用するようになりました。防犯カメラのイメージセンサーや、スマートスピーカーに搭載されたマイクも、その存在を特に意識することなく情報を収集できます。

サイクル2：蓄積

　記憶装置の容量が飛躍的に増大し、クラウド化が進んだことで、データを蓄積するための環境が整ってきました。ですが、データの蓄積では、情報セキュリティの確保が重要な課題になります。

　例えば、企業が保有する産業データであれば、競争力の源泉として保護する必要があります。パーソナルデータであれば、個人の権利や利益を守らなければなりません。これらを守るための安全管理措置が情報セキュリティ対策です。

　つまり、「適切な人が、正確な情報に、必要に応じアクセスできるようにする」のが情報セキュリティ対策です。そのための技術は急速に進歩しており、最近はE2EE（End to End Encryption）や秘密計算などが注目されています。

サイクル3：活用

　AI技術などを活用したビッグデータ分析が普及しています。直近では「ChatGPT」といった生成系AIが大きな話題になっており、テレビや雑誌、インターネットで目にする機会も増えました。しかし今のところ"万能なAI"は存在しません。それぞれに得意・不得意があることを理解する必要があります。使い方を間違うと、誤った情報が生成されたり、著作権や個人情報、プライバシーなど他者の権利を侵害したりするリスクがあります。

　技術の進歩と並行して、法制面の整備なども進んでいます。ですが、プライバシー保護などの倫理面や経済合理性のハードルもあり「まだまだこれから」といった状況です。今後のさらなる法令やガイドラインの

整備が待たれます。

経済合理性を考慮しなければ継続性を得られない

　データの収集、蓄積、活用には、それぞれ強い相関性があります。例えば、ビッグデータの1つであるオープンデータを活用する際、データの量が十分であったとしても、質が不足していては用途が限られてしまいます。その場合は、不足するデータを改めて収集しなければなりません。

　蓄積された産業データやパーソナルデータを活用する場合、量や質のバランスが取れていたとしても、十分なセキュリティ対策が講じられないと、情報漏洩のリスクを恐れデータ活用を躊躇（ちゅうちょ）してしまうでしょう。

　加えてデータ活用では、経済合理性を考慮する必要もあります。データを収集・蓄積・活用するためにはコストがかかるだけに、そのコストに見合った成果を生み出せるかどうかは、データ活用の取り組みを継続するうえで重要なポイントです。データの価値を最大化し、コストを上回る利益の創出とエコシステムの構築ができなければ、継続したデータ活用の取り組みは困難になります。

　このようにデータ活用のサイクルを確立するまでには、「このデータは使えるだろうか」「データを安全に管理するためにはどうすればいいか」「法律やガイドラインをどうやって遵守するか」「ビジネスとしてどう成立させるか」など、いくつもの関門が待ち構えています。次章からは、それぞれの関門について説明していきます。

【第２章】 データ活用サイクル・ステップ１：収集段階の取り組みと留意点

前章は、"経験と勘"だけに頼らないデータ活用に必要な"収集・蓄積・活用のサイクル"について説明しました。本章は同サイクルの第１ステップである「データ収集」について説明します。目標設定に基づく戦略的アプローチやデータの信頼性の確保などがポイントになります。

　データ活用においては、目的に応じた目標を設定し、仮説を立てて進めないと行き詰まってしまいます。その目的により必要なデータが異なります。仮設立案の段階でデータが十分にそろっていることは稀であり、十分な要件を満たすデータをそろえられないと目標を達成できなくなってしまいます。

　つまり、収集できるデータによりデータ活用の"幅"が決まると言っても過言ではありません。それだけに「データ収集」はデータ活用の成否を左右する大切な第一歩になります。

データ収集には"信頼性重視"と"量重視"のアプローチがある

　データ活用がうまくいっていない事例をみると、収集したデータの量や信頼性の不足が要因である場合が数多く見られます。

　データの量が多ければ多いほど情報活用が進む可能性は広がります。

ですが、量が膨大でも、ほとんどが信頼できない情報であれば、実際に使えるデータ量は少なく、高いレベルでのデータ活用は望めません。逆に、データの量が少なくても信頼できる情報であれば、高いレベルのデータ活用が期待できます。

　つまりデータ収集の戦略は、(1) 信頼性重視型と (2) 量重視型に大別できます。図1は、データ収集戦略のアプローチの違いを、ろ過装置に例えたものです。

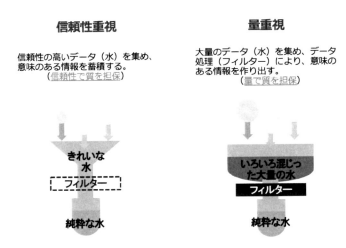

図1：データの収集戦略は (1) 信頼性重視型と (2) 量重視型に分けられる

信頼性重視型：たとえ量は少なくても、元々きれいな水（信頼性が高いデータ）を集め、必要に応じてフィルターでろ過することで、純粋な水（分析に使えるデータ）を得るイメージです。量は少なくても意味のあるデータを蓄積するというアプローチです。

　例えば医療領域であれば、難病患者の情報収集が挙げられます。難病

患者は、そもそも人数が少なく、得られる情報量が限られます。そのため、データを長期間、丁寧に収集し、できるだけ信頼性の高いデータを蓄積し活用します。難病治療薬の開発では、信頼性重視型のアプローチによる成功例があります。

量重視型：個人に紐づいているデータです。モノのデータがヒトに結び付いている場合も同様です。パーソナルなデータを取り扱う場合は、個人情報に関連する法令やガイドラインを遵守した特段の配慮が必要になります。

水が、きれいか汚いか（信頼性が高いか低いか）はあまり考えず、とにかく集め、フィルターにかけることで純粋な水を得るイメージです。ただしフィルターのかけ方によっては、純粋な水があまり得られないことがあります。

　量重視型は、データの信頼性を"量"で担保するアプローチです。第1章で触れたビッグデータの分析が代表例です。種々雑多なデータを分析・解析し有用な知見を産み出そうとします。ビッグデータの分析は、種々のBI（Business Intelligence）ツールやデータマイニングツール、AI（人工知能）技術の発達により、利用しやすくなってきています。

　例えばヘルスケア領域では、ウェアラブルデバイスなどを使って運動や睡眠といった日常データを収集することで行動を可視化することが一般的になってきています。より多くの個人の日常データをクラウドに集積・解析することで疾病リスクを導出することも可能になっています。

データの信頼性を高めるには収集段階からの考慮が不可欠

　いずれのプローチ戦略を採っても、データの収集段階では、データそ

12　【第2章】 データ活用サイクル・ステップ1：収集段階の取り組みと留意点

のものの信頼性を考慮する必要があります。データの信頼性は解析結果の信頼性に直結するからです。

　データの信頼性は、主に「精度」と「由来」から形成されます。精度は「ばらつきや再現性」を指し、由来は「そのデータが、どのようにして取られたか」を指しています。データの信頼性を具体的に考えるために、次のケースを想定してみます。

＜想定ケース＞
A社の全社員を対象に毎年、体重計を使って体重を測る
＜条件＞
・体重計によって測定精度が異なり、100グラム単位で測れる体重計と1キログラム単位でしか測れない体重計がある
・体重測定とともに、簡単な血液検査と運動頻度に関するアンケートを実施する
・体重データとアンケート結果を収集し全体を解析し、その結果に基づくアドバイスを本人に提供する

　このケースでデータの信頼性に関して考慮しなければならないことを挙げてみます。

考慮点1：計測測定装置の選択

　体重計から出力されるデータに対し、解析段階でデータを加工しないことを前提にすれば、精度が異なる体重計がある場合、次の2つが選択できます。（1）すべての体重データを1キログラム単位で解析するか、（2）100グラム単位で測れる体重計で測定した体重データのみを抜き出し100グラム単位で解析するかです。

データを抜き出す場合、体重データとともに「どの体重計で測定したか」、すなわち測定精度も意識しなければなりません。このケースの場合、事前に「100グラム単位で測れる体重計を使用する」と決めていれば、すべてのデータを使って1キログラム単位よりも精密な数値解析が可能になります。

考慮点2：データの発生源の特定

　得られた体重データは、本当にＡさんが体重計に乗った際のものでしょうか。個人の情報を収集する際は、個人に紐づけた情報管理が不可欠ですが、場合によっては、第三者の確認や本人確認といった運用が必要になります。これも事前に決めておく必要がありそうです。

考慮点3：計測装置の確からしさ

　体重計のデータは複数回測っても同じ結果かどうか。できれば複数回測定し、平均をとるほうが情報の精度が高まる可能性があります。

考慮点4：データの収集期間

　測定データを、どのくらいの期間、収集し続ける必要があるか。十分なデータ量がないと十分な解析ができません。仮説に基づき「取り組みを何年間続ける」といった計画をあらかじめ立てる必要があります。

考慮点5：測定項目と測定方法

　データとして単純に比較できるかどうか。想定ケースで実施する血液検査では、ルールが事前に決められ、どこの検査機関でも同じ結果が出る検査項目は単純に比較が可能です。しかし検査機関ごとに試薬や手順が異なる項目においては、その結果を単純に比較できないことがあります。その場合は、検査結果だけでなく検査機関ごとの試薬や手順を含む検査方法についても押さえる必要があります。

考慮点6：アンケート項目の回答方法

　アンケートでは項目の設定および回答方法は適切か。例えば運動頻度について、回答を自由記述式にすると、「週に○日」や「一日○時間」など、ばらつきが大きくなります。回答欄を「一日（　）時間」のように示せば、ばらつきをある程度抑制できますが、小数点を含めて回答する人もいるでしょう。

　ばらつきや入力ミスを考慮すれば、選択式は有用な手段です。しかし、例えば1日当たりの運動時間に対する選択肢を「1時間以下、1〜2時間、2時間以上」とした場合と、「30分以下、10分以上60分以下、60分以上」とした場合とでは、両者の回答データは単純に比較できません。他のデータと照合するためには、選択肢の尺度をできるだけ合わせる必要があります。

考慮点7：ルールの確からしさ

　事前に定めたルールは適切かどうか。第三者の監査を受けているか、国際基準に従っているか、あるいはルールが、しっかりと守られているかどうかなどを確認する必要があります。データを転記する場合はダブルチェックがなされているでしょうか。こうした運用方法がデータの信頼性を左右します。

収集したデータがすべての基準を満たすケースは少ない

　この想定ケースでいえば「精度」は測定精度、収集回数、尺度などです。「由来」は検査方法、運用方法などになります。体重測定というケースでも、考慮点が多数あったように、収集したデータが、精度や由来のすべての基準を満たしていることは、まれであることを実感いただけたかと思います。

【第2章】　データ活用サイクル・ステップ1：収集段階の取り組みと留意点　｜　15

近年は、診療行為に基づく情報を集めた医療ビッグデータである「RWD（リアルワールドデータ）」の活用への関心が高まっています。その進展に向けては、「世の中にどのような情報があり、足りない要件は何か」を見極めたうえで、不足するデータを新たに収集しなければなりません。その際には、上記のような考慮点に留意しデータを収集することが、高いレベルでの情報活用につながっていきます。

　次章は、RWDなど、種々のデータ中でも特段の留意が必要な「ヒトのデータ」、すなわち個人情報やパーソナルデータの扱い方を説明します。

【第3章】 収集したパーソナルデータ／個人情報の適切な扱い方

前章は、データ活用における“収集・蓄積・活用のサイクル”のうち、第1の
ステップである「データ収集」について説明しました。収集した種々のデー
タの中では、個人情報やパーソナルデータの扱いには特段の留意が必要です。
パーソナルデータの扱いについて本章では法制度やガイドラインを含めて解説
します。

　情報活用のキーワードとして「ビッグデータ」という言葉を聞いたこ
とがある方が多いと思います。ビッグデータについて『平成29年版情報
通信白書』（総務省）は、(1) オープンデータ、(2) 産業データ、(3) パー
ソナルデータの3つに大別しています。

　(1) オープンデータ：官民データ活用推進基本法に基づき、政府や地方
公共団体などの公共機関が保有するデータをオープン化したもの

　(2) 産業データ：ノウハウをデジタル化したデータや、生産現場や建築
物に設置されたIoT（モノのインターネット）機器から収集されたデー
タなど

　(3) パーソナルデータ：氏名や住所などの個人情報はもちろんのこと、
商品の購買履歴、インターネットの閲覧情報、GPS（全地球測位システ
ム）などの位置情報や行動履歴、健康管理情報など、「個人にまつわるあ

らゆるデータ」のこと

　従って、オープンデータの元になる住民情報には公共目的のパーソナルデータが、産業データの一部には商業目的のパーソナルデータが関連することになります。つまり、ビッグデータの大部分にはパーソナルデータが関わっており、その取り扱いに十分配慮する必要があります。そのパーソナルデータのうち、「特定の個人にたどり着ける情報」つまり「個人を識別できる情報」が個人情報です（図1）。

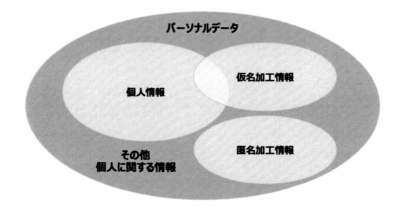

図1：個人に関する情報である「パーソナルデータ」の中に、個人を特定できる情報である個人情報が含まれる

欧州を筆頭に各国の動向を踏まえた対応が必要

　個人情報の観点でパーソナルデータを活用する際には、さまざまな法令やガイドラインを遵守する必要があります。国際的にみると、プライバシーを含む個人情報保護の分野では欧州が先行しており、各国が対応を迫られる構図になっています。

欧州はまず、1980年に法律の基本原則を定めた「OECD（経済協力開発機構）8原則」を採択し、1995年には「EU（欧州連合）データ保護指令」を採択しました。さらに2016年には、「EU一般データ保護規則（GDPR）」を制定し、強力な域外適用と高額な制裁金を課すようになっています。

　一方、一般法がなく判例主義の米国は、2018年に「カリフォルニア州消費者プライバシー法（CCPA）」を制定。現在は、連邦全体に効力を持つ「米国データプライバシー保護法（ADPPA）」を議論しています。プライバシーを含む個人情報保護の動きは国際的に関連しているだけに、各国の動向にも目を光らせながら対応する必要があります。

　そうした動きの中で日本では、2003年（平成15年）に「個人情報保護法」が成立しました。その後も種々の法改正が進んでいます。「令和3年（2021年）改正個人情報保護法」では、官民の規定一体化が進められ、官民のデータ連携がより進めやすくなると期待されています。以前は、官民で個人情報保護の法令・ガイドラインが異なり、さらに地方公共団体ごとに条例が異なる、いわゆる「個人情報保護法制2000個問題」が発生していました。

　日本の個人情報保護法の全体像は、法律・政令・規則・条例に基づき、民間部門と公的部門において遵守するべき各種ガイドラインなどがあるイメージです。個人情報保護委員会が定める「個人情報保護法の基本」が、その1つです。

　ただし、個人情報保護法は一般法であり、対象分野に特別法が存在する場合は、そちらが優先されます。マイナンバー法は特別法の一例です。分野ごとに守るべき法律が異なる可能性があり、各分野のガイドラインに個別に対応しなければなりません。特定分野のガイドラインには、「金

融関連分野ガイドライン」や「医療関連分野ガイダンス等」「情報通信関連分野関連ガイドライン」があります。

個人情報の利用を容易にするために匿名化や仮名化を図る

個人情報保護法に基づくとデータは、その加工により、（1）未加工の個人情報、（2）匿名加工情報、（3）仮名加工情報の3つに大別できます。

（1）未加工の個人情報：個人情報をそのまま活用するもので、管理において大きなリスクを伴います。従って現実的には、情報に加工を施したうえでの活用を検討します。

（2）匿名加工情報：特定の個人を識別できず、元の個人情報を復元できないように加工した情報、すなわち「そのデータから個人にたどり着けない（と考えられる）情報」です。「平成27年（2015年）改正個人情報保護法」で新たに定義されました。個人情報として扱う必要がなく、同意を取得せずに第三者に提供できることが大きなメリットです。

加工方法は、情報の一部または全部の削除、年齢を10歳刻みにしてあいまいにするなどの一般化、意図的にノイズを加えて誤差を生じさせる攪乱などがあります。いずれの手法もデータの粒度が粗くなるため、データの分析精度が犠牲になります。データ量が少ないほどデータの粒度は粗くなる傾向があるため、活用には比較的大きなデータ量が要求されます。

（3）仮名加工情報：他の情報と照合しない限り、特定の個人を識別できないように加工された情報、すなわち「氏名、住所、生年月日のようなデータを削除した情報」です。未加工の個人情報と匿名加工情報の中間に位置づけられ、氏名の削除など最低限の加工で済み、データの粒度を

ある程度確保できます。情報活用をより進めやすくするために、「令和2年（2020年）改正個人情報保護法」で新たに定義されました。

　仮名加工情報は、個人情報に当たる場合と当たらない場合があり、その取り扱いが異なります。ですが、いずれも第三者への提供は認められておらず、情報の利用範囲を自組織内などに制限する必要があります。ただ、公表した利用目的の範囲で情報を活用でき、その利用目的は自由に変更したり追加したりが可能です。個人情報管理上のリスクと、分析に利用するデータの粒度、活用の容易さのバランスが取れた情報だと言えます。

個人情報／パーソナルデータの扱いでは「仮名化」がキーワードに

　個人情報の加工方法による使い分けを実例でみてみましょう。例えば、医療情報分野では、情報の活用形態を一次利用と二次利用に大別しています（図2）。一次利用は、医療機関などが診断や治療といった本来の目的でデータを活用することです。二次利用は、研究開発や政策立案など本来の目的外でのデータ活用です。

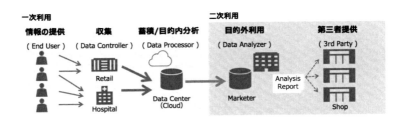

図2：医療分野情報の一次利用と二次利用の違い

　医療分野の研究開発を促進する「次世代医療基盤法」では、匿名加工

情報は研究開発に活用しにくいことから、仮名加工情報を活用できる方向に見直されました。

　一般的な情報活用でも同様に、自組織内において目的内でのデータ活用を一次利用、第三者提供も含めた目的外でのデータ活用を二次利用ととらえられます。そうすると、仮名加工情報は一次利用に、匿名加工情報は二次利用に、それぞれ向いていると言えます。

　上述した欧州のGDPRにおいても、適切なパーソナルデータの安全管理措置として、仮名化（Pseudonymization）と暗号化（Encryption）を挙げています。パーソナルデータのセキュリティを考える上で「仮名化」は、特に重要なキーワードなのです。

　次章は、収集したデータを蓄積する段階における留意点を、セキュリティの観点を中心に解説します。

【第4章】 データ活用サイクル・ステップ2：蓄積段階の取り組みと留意点

前章は、第1章で説明したデータ活用サイクルのステップ1である収集段階の取り組みにおいて、特にパーソナルデータの扱いについて説明しました。本章は、第2ステップである蓄積段階の取り組みについて、セキュリティ対策を中心に説明します。

　情報漏えいにまつわる報道が後を絶ちません。情報漏えいが発生すると、組織のレピュテーション（評判）が低下するだけでなく、膨大な対応工数や費用などの経済的損失が発生します。さらには情報活用の取り組みを継続することにも大きな影響を及ぼします。漏えいの対象が個人情報ともなれば、その影響は拡大します。データの蓄積段階で情報漏えいを防ぐには、情報セキュリティが非常に重要になります。

　情報セキュリティには、（1）機密性、（2）完全性、（3）可用性の3つの要素があります。機密性は不正アクセスや情報漏えいを防ぐこと、完全性はデータの改ざんや破損を防ぐことです。そして可用性は適切なタイミングでアクセスできるようにすることです。これらのバランスをとりながら管理することが重要で、その手段の1つが暗号化です。

暗号化ではデータと鍵の管理が重要に

　暗号化において重要なポイントは大きく次の4つです。

（1）暗号化するたびに暗号文が変わること

（2）暗復号鍵とデータを分離すること

（3）ユーザーごとに異なる暗復号鍵を用いて管理できること

（4）適切な評価機関等により安全性が確認されている暗号技術を用いること

　ポイントのそれぞれについて見ていきましょう。

ポイント1：暗号化するたびに暗号文が変わること

　暗号化方式は大きく、（1）決定性暗号と（2）確率暗号に分けられます。

決定性暗号：1つの平文を暗号化すると1つの暗号文が生成される方式です。平文の出現頻度と暗号文の出現頻度が同一になります。そのため名字や男女比、年齢構成など統計情報で公になっている個人情報の場合、統計上の出現頻度と暗号文の出現頻度を比較する頻度分析により暗号文を解読されてしまうリスクがあります。

確率暗号：1つの平文を暗号化するたびに暗号文が変わる方式です。ランダムな数列である乱数と等価な暗号文にすることで頻度分析を困難にし安全性を高めています。個人情報保護委員会が定める「個人情報の保護に関する法律についてのガイドライン（仮名加工情報・匿名加工情報編）」では、他の記述に置き換えた「仮ID」などを付与する際は、元の記述に復元できる規則性を有しない方法として、乱数に言及しています。

ポイント2：暗復号鍵とデータを分離すること

　暗号化・復号に用いる鍵の保管場所とデータの保管場所が分離していることも重要です。同じ場所にあると、データセンターの管理者などは鍵とデータの両方にアクセスできてしまうため、漏えいにつながる内部

犯行リスクが高まります。情報処理をメモリー上で実行し、そこで鍵を
用いて復号している場合は、外部から攻撃された際に平文で情報が漏え
いするリスクがあります。

ポイント3：ユーザーごとに異なる暗復号鍵を用いて管理できること

　安全性と運用面の観点から、暗復号鍵はユーザーごとに異なることが
望ましいといえます。すべてのユーザーが共通の鍵を使用している場合、
例えば、あるユーザーのアカウントを削除する際に、共通の鍵をそのま
ま使い続けると、アカウントを削除したユーザーの手元にも有効な鍵が
残るため、安全性に問題が生じます。

　一方、新たな鍵を発行しようとすると、すべてのユーザーが鍵を更新
しなければならず、ユーザーに変更があれば都度、鍵を更新することに
なり、運用が非常に煩雑になります。

ポイント4：適切な評価機関等により安全性が確認されている暗号技術
を用いること

　デジタル庁・総務省・経済産業省は、暗号技術検討会および関連委
員会である「CRYPTREC（クリプトレック）」を開催し、推奨する暗
号リストとして「CRYPTREC暗号リスト（電子政府推奨暗号リスト）
https://www.cryptrec.go.jp/list.html」を公開しています。同リストに掲
載されている暗号技術は安全性が確認されているといえるでしょう。

暗号文のままでの計算を可能にする秘密計算の重要性が高まる

　しかし暗号技術にも弱点があります。暗号化したままでは計算が困難
なことです。この弱点を克服するための技術が秘密計算です。暗号化し

【第4章】　データ活用サイクル・ステップ2：蓄積段階の取り組みと留意点　25

た状態のままでの計算を可能にする技術で、情報漏えいリスクを大幅に
減らせます。

　秘密計算のための技術には大きく、(1) 検索可能暗号、(2) 準同型暗
号、(3) 秘密分散、(4) TEE（Trusted Execution Environment）の4つ
があります（図1）。

技術分類	秘密計算（Data Masking and Privacy Preserving Computations）			
	検索可能暗号	準同型暗号	秘密分散	TEE*
データ保護原理	・データを暗号化したまま特定データを抽出	・データを暗号化したまま演算処理	・データを分散して複数サーバーで演算処理	・データを暗号化 ・ハードウェア的に隔離した領域で平文処理
安全性担保の前提	・鍵とデータの分離	・鍵とデータの分離	・サーバー管理者が結託しない	・ハードウェアを信頼できる
可能な処理	・検索のみ ・復号せずに検索結果が取り出し可能	・加算、乗算など（任意演算にも拡張可） ・演算結果の取り出しに復号が必要	・任意の演算（近似処理を含む） ・演算結果の取り出しに復号が必要	・任意の演算 ・同一ハードウェア内で演算結果を取り出せる
速度	高速	中速〜低速	中速	高速

参考：DATA PROTECTION ENGINEERING（European Union Agency for Cybersecurity）の分類を参考に著者が整理
* TEE: Trusted Execution Environment

図1：秘密計算における4つの技術と、その比較

　検索可能暗号は暗号化したまま検索ができる技術、準同型暗号は暗号
化したままで加算や乗算などができる技術です。これら2つの技術には、
鍵とデータが分離されているという特徴があります。

　秘密分散は、分散する複数のサーバーを連携させて計算する技術です。
任意の演算ができますが、管理者同士が結託すると情報が漏えいするリ
スクがあります。TEEは、ハードウェア上で隔離された外からは見られ
ない領域で計算する技術です。

　秘密計算を実際に利用する際は、十分なセキュリティ強度と計算速度
を両立しなければなりません。個人情報を取り扱う業務などでは検索処

理が不可欠なだけに、平文にまで復号せずに結果を取り出せることも重要です。こうした観点で、現時点において実用面で先行しているのは検索可能暗号です。

　従来の情報セキュリティ技術では、暗号化したデータを検索する際はデータセンターにあるサーバー上のメモリー等で復号します。データセンターに鍵が存在するため、データセンターの管理者など特権ユーザーは、その鍵を使ってデータの中身を盗み見られます（図2）。データセンターが攻撃されれば、データがそのまま流出するリスクがあります。

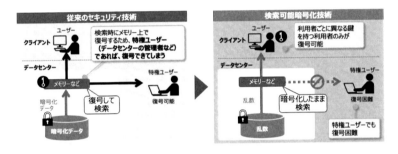

図2：従来の情報セキュリティ技術と検索可能暗号化技術の比較

　これに対し検索可能暗号化では、鍵はユーザーだけが持ち、鍵とデータを分離します。検索のためにデータセンターやネットワーク上で復号することがないため、特権ユーザーによる内部犯行を防げます。たとえデータが流出しても、乱数と等価であるため情報漏えいリスクを大幅に低減できます。ちなみに日立製作所が提供する検索可能暗号化技術では、鍵はユーザーごとに異なり、CRYPTREC暗号リストにある暗号技術を採用しています。

信頼の境界があいまいにあり「ゼロトラスト」の時代に

　ここからは情報活用の観点で情報セキュリティについて考えてみましょう。例えば、ウェアラブル端末で取得したデータをスマートフォンなどを介してクラウドに送信し、そのデータを利用するアプリケーションを考えてみます。データを送る際は、ウェアラブル端末とスマートフォンの間と、スマートフォンとクラウドの間と通信が発生します。この通信経路に穴があれば情報が漏えいする"隙"が生まれます。

　クラウドは主にデータセンターで運用されています。データセンターでは多数のサーバーが稼働し、運用技術者が運用しています。安全管理措置が不十分だとデータがクラウド側で漏えいする可能性があります。ユーザー側でも自身の安全管理措置はもちろん、外部の監督責任を負う場合があることを考慮しなければなりません。

　従来の情報セキュリティでは、「さまざまな情報の流れに境界があり、信頼できる部分とできない部分とに分け、信頼できない部分を守る」という考え方が一般的でした。しかし、新型コロナウイルス感染症（COVID-19）のパンデミックを契機に、クラウド化の進展やリモートワークの普及、業務の専門化によるアウトソーシングの拡大などにより、その境界が不明瞭になってきています。

　そうした中で登場した考え方が「ゼロトラスト」です。文字通り「何も信頼せずに、すべてを確認する」ことを前提に情報セキュリティを構築します。情報漏えいリスクを軽減する効果が大きい一方、その実行に当たっては体制や仕組みの構築に長い時間と膨大なコストがかかります。

　自分たちが完全にコントロールできない外部のサービスを、どこまで

28　　【第4章】　データ活用サイクル・ステップ2：蓄積段階の取り組みと留意点

信頼するかといった点も課題です。外部に情報を出さずに計算が可能な秘密計算技術は、新たな情報セキュリティの形を期待させると同時に、その必要性が今後、急速に高まると予想されます。

　次章は、データ活用サイクルのステップ3である「活用」によって生まれるデータの価値について、最新事例とともに解説します。

【第4章】　データ活用サイクル・ステップ2：蓄積段階の取り組みと留意点　｜　29

【第5章】 データ活用サイクル・ステップ3：データが出す価値

前章は、データ活用サイクルのステップ2である蓄積段階の取り組みについて説明しました。本章は、収集・蓄積したデータを活用するステップ3でデータが生み出す価値について、その具体例である医療分野におけるデータベースである「疾患レジストリ」を挙げながら説明します。

　データの価値は、そのデータを活用できる用途によって決まるといっても過言ではありません。用途がなければ、そのデータの価値はないに等しく、たとえ少量でも非常に役に立つデータであれば、その価値は高いといえます。従って、（1）収集、（2）蓄積、（3）活用からなるデータ活用サイクルがうまく回り、データが活用できる用途が広く有意義で役に立つほど、そのデータの価値は高まります。

医療分野でのデータの価値を高める「疾患レジストリ」

　データ活用サイクルがうまく回っている事例に、「疾患レジストリ」があります。疾患レジストリは「患者が、どのような病気で、どのような状態か」などを管理するためのデータベースです。主に患者さんや医師が入力したデータを、疾患レジストリの運営事務局やCRC（Clinical Research Coordinator：臨床研究コーディネーター）などの専門家による確認などを経ることで、データベースの信頼性を高めています。

　蓄積されたデータは、市場性評価のための患者数把握や、臨床試験の実

現可能性調査、試験に参加する患者の募集などに活用されています。例えば、患者数が少ない希少疾病である「デュシェンヌ型筋ジストロフィー」の治療薬開発に向けた国内での医師主導治験では、神経・筋疾患のレジストリを用いることで患者を効率的に集めることができ、承認にまで至りました。

　疾患レジストリを使うことで、従来の方法よりも迅速かつ非常に安価な試験が実施できたという報告もあります（『製薬企業における疾患レジストリの利活用と患者参画型レジストリの動向』、日本製薬工業協会）。つまり、疾患レジストリに蓄積されているデータの価値は高いと言えるでしょう。

　疾患レジストリでは、インターネットを活用しながら（1）収集、（2）蓄積、（3）活用のデータ活用サイクルを回し、データの価値を高めています（図1）。データ活用による価値を高めるために、各段階での取り組みを説明します。

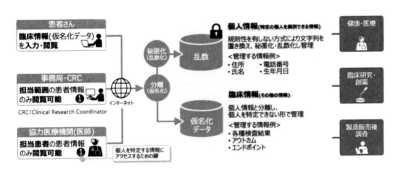

図1：日立製作所の患者レジストリサービスを使った疾患レジストリの概要

（1）収集段階での取り組み

　患者や医師が直接、データを提供・収集することで、由来をたどれる
データを入手できます。加えて、疾患レジストリの運営事務局が継続的
にサポートすることで、より同じ尺度のデータを長期的に収集でき、CRC
などの専門家が内容を確認することでデータの精度を高められます。第
2章で説明したように「精度」と「由来」を担保することで信頼性の高
いデータを収集しているのです。

　長期的にデータを収集するためには、入力者の負担軽減も重要です。
具体的には、データ項目を必要最小限に絞ったり、データ入力画面にラ
ジオボタンやプルダウンといった選択方式を採用したりすることや、電
子カルテなどの他のデータソースとの連携などが考えられます。

個人情報の保護では「仮名化」と「暗号化」が重要

（2）蓄積段階での取り組み

　疾患レジストリは要配慮個人情報を取り扱うため、特に個人情報保護
に配慮しなければなりません。そこでは、第3章で説明した「仮名化」
と、第4章で説明した「暗号化」が重要になります。

　図1の例では、患者の氏名や生年月日といった個人を特定できる情報
は、ランダムな数列である乱数と等価な暗号文により「乱数化」し、秘
匿・管理します。データと暗復号鍵を分離し、医師などの限られた利用
者にのみ、それぞれに異なる暗復号鍵を配布することで、高いセキュリ
ティを確保します。それ以外の情報は、個人を特定できる情報を除いた
形に「仮名化」し、分離・管理します。

　個人情報保護法は、仮名加工情報に関連して、個人情報から削除され

32　　【第5章】データ活用サイクル・ステップ3：データが出す価値

た記述などを「削除情報等」と定義しています。本例では、氏名などの個人を特定できる情報が該当します。

仮名加工情報を作成する際は、後で復元できるよう「仮ID」を付して作成する場合があります。このとき、氏名などと仮IDの対応を示す「対応表」が生成されます。この対応表も削除情報等に含まれます。本例では、暗復号鍵が対応表に相当します。削除情報等は厳重に管理されることが要求されているため、暗復号鍵の管理が重要になります。

仮IDは、乱数化などの規則性を有しない方法で生成されなければなりません。本例では、第4章で説明した秘密計算技術を用いて乱数化処理を行っています。特に、秘密計算技術の一種である検索可能暗号を採用することで、医師が患者の情報を検索できるようになり、利便性と高いセキュリティとの両立を図っています。

さらに、アクセス権の設定などにより、取り扱えるデータを必要最小限にする施策も重要です。これらにより、GDPR（General Data Protection Regulation：EU一般データ保護法）や個人情報保護法、人を対象にした生命科学・医学系研究に関する倫理指針などのガイドラインなどを遵守した取り組みが実現できるのです。

なお、データの価値を高める手段に個人との「紐づけ」があります。しかし、患者の情報は医療機関ごとに別々に管理・蓄積されているのが一般的です（図2の左）。それぞれの医療機関がデータを別々に加工するため、医療機関が異なると同一人物のデータをつなげられず、別人のデータとして取り扱われてしまいます。

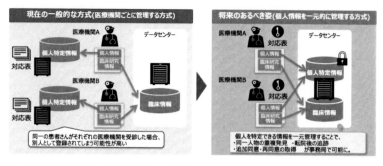

図2：患者の情報は現状、医療機関単位に管理されているのが一般的

　このような課題に対し、異なる医療機関のデータを個人に紐づけて統合する処理を「名寄せ」と言います。今までバラバラになっていたデータが「紐づく」ことでデータの精度が向上します。特に、世の中に存在するデータが少ない希少疾患などの分野では顕著になります。

　疾患レジストリでは、氏名や生年月日などの個人を特定できる情報を一元管理することで、異なる病院のデータでも同一人物に紐づけて管理・蓄積しています。

同意取得は、できる限りオプトインの方法で

(3) 活用段階での取り組み

　活用段階では、データの安全・安心な分析が課題になります。従来は匿名加工情報を分析する方法が考えられてきました。ですが、情報をある程度抽象化する必要があり活用しにくいという問題がありました。そこで現在は、仮名加工情報がデータ活用の主流になりつつあります。仮名加工情報は、氏名や生年月日などの個人を特定できる情報は削除されているものの、それ以外の情報は、そのまま利用できるため活用しやすい面があります。

必要に応じて同意の取得方法を検討する必要があります。同意の取り方には大きく「オプトイン」と「オプトアウト」の2つの考え方があります。オプトインは、あらかじめ、はっきりとした同意を得る方法で、同意を得たデータだけが活用できるという考え方です。民間企業が個人データを第三者に提供する場合は原則として「オプトイン」の方法で個人から同意を取得する必要があります。

　一方のオプトアウトは、はっきりした同意は取らず、拒否されれば活用をやめる方法で、拒否されたデータは活用できないという考え方です。オプトアウトの方法を採用するためには、プライバシーポリシーの公表や個人情報保護委員会への事前の届出などが必要です。同意取得が必要な場合は、できる限りオプトインの方法での取得をお薦めします。

　データ活用サイクルを確立し、創薬にも活用できる高いデータ価値を示す事例として、疾患レジストリを紹介しました。しかし、先進的な疾患レジストリの取り組みにも課題があります。

　疾患レジストリは、研究資金で運営されている場合がほとんどです。レジストリを運営する研究者らは、患者や医師の強い思いに応えるため、維持のための資金獲得に多大な努力を払っています。これにより、データ活用サイクルが回っているのです。国からの継続的な補助や、受益者である製薬企業などからの資金面での協力などにより、データ活用サイクルが自然に回る仕組みの実現が望まれます。

　次章は、経済合理性の観点も含め、領域を跨がるデータ活用について解説します。

【第6章】 領域横断でのデータ活用サイクルの確立がデータの価値をさらに高める

第5章は、データ活用サイクルのステップ3である活用段階の取り組みについて説明しました。データが持つ価値をより高めるには、ヒトのデータとモノのデータなど、複数領域のデータ活用サイクルをつなぎ合わせることが重要になります。本章は領域をまたがるデータ活用について説明します。

第5章で紹介した疾患レジストリの事例では、データ活用サイクルが回っているものの、資金面では課題が残っていました。データ活用サイクルを継続して回し続けるためには、第1章で説明した経済合理性を確保する必要があります。

経済合理性の確保策の1つはコスト削減のための投資

経済合理性を確保するための分かりやすい考え方は、「コストを削減するために投資する」というものです。例えば、煩雑な処理を手作業で実施しており、システム導入によって人件費の削減が期待できる場合、「このシステムを500万円で導入すると、1000万円の人件費（コスト）削減が期待でき、500万円の投資対効果が得られる」といった具合です。

この考え方では、投資対効果をある程度算出できるため、多くの場合、投資リスクはシステムを発注する側が負ってきました。しかし、データ活用で目指す社会価値の創造に向けた取り組みでは、投資対効果が不明確であるだけでなく、必ずしも直接的なコスト削減に結びつくとは限り

ません。そこでコスト削減を訴えたとしても信頼性を疑われ、投資の承諾を得られない場合も多くあります。

そこで近年注目されているのが、成果連動（PFS：Pay For Success）型のビジネスモデルです。成果連動型の経済合理性は、「成果に対して支払う」という考え方です。例えば、「ある取り組みで1000万円の成果が出たら、システムの利用料金として500万円を支払う」といった具合です。

このモデルは、発注側と受注側が利益とリスクを共有することから、「レベニューシェア」とも呼ばれます。現れた成果に対して支払いをするため、受注側は相応の成果を出す必要がありますが、発注側が取り組みを進めやすくなるというメリットがあります。

コスト削減のための投資におけるデータ分析の必要性を、自治体における医療費・介護費を通じて考えてみます。

昨今、高齢化に伴い医療や介護を必要とする住民が増え、自治体の予算を圧迫し始めています。経済産業省は、疾患分野別に予防対策を講じた場合、2034年に60歳以上の医療費は710億円、介護費は3兆2000億円の減少が見込めると試算しています。ただ各自治体等にすれば、予防対策のための十分な予算を獲得しなければなりません。

十分な予算を獲得するためには、その経済合理性を確保する必要があります。介護予防の取り組みは、自治体職員の労力を多く必要としますが、労力には限りがあります。業務効率化で人件費などのコストを削減していくとともに、より多くの住民の参加を促し、効果の最大化を目指す必要があります。

【第6章】 領域横断でのデータ活用サイクルの確立がデータの価値をさらに高める　37

加えて、コスト削減と参加住民数の増加という二律背反する要求に応えなければなりません。住民1人当たりの医療費や介護費の減少額が分かれば全体の効果を算出できますが、そのためには、信頼性の高いデータを高精度で分析する必要があるのです。

エビデンスの構築と住民の継続的な参加も重要

　介護予防への取り組みにおいては、経済合理性の確保に加え、(1)取り組みに対するエビデンス(証拠)の構築、(2)住民の継続的な参加、が大きな課題になります。

(1)取り組みに対するエビデンス(証拠)の構築

　エビデンスの構築には、住民1人当たりの医療費・介護費の減少額の導出も含まれ、成果連動型ビジネスモデルとして実現するために必要不可欠です。減少額の導出には、全国の自治体が医療・介護などに関する情報を活用できるKDB(国保データベース)システムのデータや、民間が保有する個人の健康・医療・介護関連データであるPHR(Personal Health Record)など、官民の領域にまたがる信頼性の高いデータが必要になります。

　それらデータはバラバラに存在していることが多く、分析ができるように統合しなければなりません。そうして初めて、AI(人工知能)技術などを使った分析が可能になりエビデンスを構築できるのです。エビデンスがあることで、発注側は予算を確保しやすくなるといったメリットが生まれます。

(2)住民の継続的な参加

　住民の継続的な参加は、取り組みを成功させるうえで最も重要なポイン

トです。かつ長期的なデータに基づくエビデンスの構築にも不可欠です。

近年は、予防に向けたアプリケーションの開発が活発になってきています。中には、種々のIoT（Internet of Things：モノのインターネット）デバイスと連携してデータを取得するアプリも存在します。ただ、それぞれが個別にデータを収集している例が多く、開発期間やデータ項目の制限などにより、小規模の実証にとどまっているケースが少なくありません。

比較的短期間に、住民が継続して利用してくれる良質な予防サービスを開発するためには、システム開発者が種々のデータに素早くアクセスできるセキュアな環境が必要になります。

パーソナルデータを安全に扱える基盤が必要に

介護予防に向けたデータ分析上の課題を解決するためのデータ管理・分析基盤には、どのような機能が必要でしょうか。当社が考える「EBPMビジネスプラットフォーム」を例に説明します。

EBPMは、「Evidence Based Policy Making（証拠に基づく政策立案）」の略で、政策の有効性を高め、行政に対する国民の信頼確保に資すると期待されている考え方です。その取り組みを支援するための基盤として、EBPMビジネスプラットフォームは、パーソナルデータのセキュアな活用基盤と、介護・健康・医療のビッグデータを対象にしたAI分析技術を提供します（図1）。

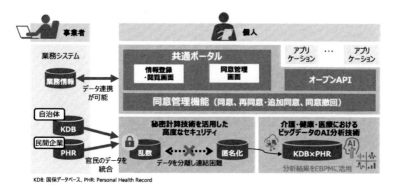

図1:「EBPMビジネスプラットフォーム」の概要

　パーソナルデータの活用基盤としては、個人が情報を登録・閲覧する機能だけではなく、データ利用に対する同意を管理する機能などが必要になります。同意管理は、時間とともに変化する個人の意思に対応できるよう、再同意や追加同意、同意撤回なども考慮しなければなりません。

　その同意に基づき、自治体（官）のKDB（国保データベース）のデータと、民間企業（民）のPHRを名寄せ・統合します。統合作業を自動化すれば、事業者の負担を大幅に軽減できます。

　統合したデータは、秘密計算技術を使って安全に管理します（第4章）。匿名化したデータを、介護・健康・医療分野のビックデータを対象にしたAI技術を使って分析しエビデンスを構築し、得られた分析結果をEBPMの取り組みに活用します。

　蓄積したデータを外部から安全に利用可能にするオープンAPI（アプリケーションプログラミングインタフェース）も重要です。例えば、健康アプリなどを提供する開発会社は、個別に情報を収集しなくても、オープ

ンAPIを通じて、データを活用する予防サービス開発が可能になります。

　これは、事業者の参入障壁を下げることにもなり、新規参入の活性化や良質なアプリによる住民の継続率向上が期待できます。EBPMビジネスプラットフォームと事業者の業務システムを連携することで、業務効率が高まりコスト削減につながります。

　こういったデータ活用基盤があれば、エビデンスの構築とコスト削減を両立でき、より多くの住民の継続的な参加を促し、十分な予算獲得への道筋が描けるのです（図2）。

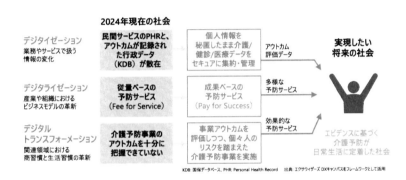

図2：EBPMビジネスプラットフォームの活用で実現したい将来の社会

複数領域のデータの組み合わせが付加価値をさらに高める

　介護・健康・医療のデータに、防災分野のデータを組み合わせれば、さらなる付加価値向上が期待できます。例えば、水害発生時には早期の避難が必要になりますが、雨量や河川水位などのモノのデータと組み合わせることで、低地に居住している住民や介護を要する住民に、より適切かつ迅速な対応が可能になると考えられます。

このように、「ヒトとモノ」「官と民」「介護・健康・医療と防災」など複数の領域にまたがるデータの活用は、データ価値の最大化につながる可能性を秘めているのです。

　これからは、データ活用の進展と同時に安全保障上の脅威が高まっていく時代を迎えます。そのような時代に社会価値を高めていくには、データ活用＝攻めとセキュリティ確保＝守りの両輪を回していかなければなりません。本連載がデータ活用の取り組みへの一助になれば幸いです。最後までご覧いただいたことに感謝するとともに、皆さまのご成功を祈念いたします。

著者紹介

佐藤 恵一（さとう けいいち）

株式会社 日立製作所 公共システム事業部 パブリックセーフティ推進本部 パブリックセーフティ第二部 部長。2000年日立ソフトウェアエンジニアリング株式会社入社。2009年大阪大学大学院工学研究科応用化学専攻博士後期課程修了。同年に秘匿情報管理サービス「匿名バンク」を事業化。産業・金融・公共・ヘルスケア分野に高セキュアなクラウドサービスを展開。2015年株式会社 日立製作所へ転属、2024年4月1日より現職。現在は「匿名バンク」事業推進を主として、公的機関や民間企業向けのITコンサルティング業務などにも従事。情報処理安全確保支援士。一般社団法人遺伝情報取扱協会理事。博士（工学）。

◎本書スタッフ
アートディレクター/装丁：岡田章志＋GY
ディレクター：栗原 翔

※本書は経営課題や社会課題をデジタル技術を使って解決するDX（デジタルトランスフォーメーション）への取り組みをテーマに事例や知見、関連サービスなどを届けるメディア『DIGITAL X（デジタルクロス）』に掲載された連載をまとめ、加筆・修正を加えたものです。

●お断り
掲載したURLは2024年10月1日現在のものです。サイトの都合で変更されることがあります。また、電子版ではURLにハイパーリンクを設定していますが、端末やビューアー、リンク先のファイルタイプによっては表示されないことがあります。あらかじめご了承ください。
●本書の内容についてのお問い合わせ先
株式会社インプレス
インプレス NextPublishing　メール窓口
np-info@impress.co.jp
お問い合わせの際は、書名、ISBN、お名前、お電話番号、メールアドレス に加えて、「該当するページ」と「具体的なご質問内容」「お使いの動作環境」を必ずご明記ください。なお、本書の範囲を超えるご質問にはお答えできないのでご了承ください。
電話やFAXでのご質問には対応しておりません。また、封書でのお問い合わせは回答までに日数をいただく場合があります。あらかじめご了承ください。

●落丁・乱丁本はお手数ですが、インプレスカスタマーセンターまでお送りください。送料弊社負担 にてお取り替えさせていただきます。但し、古書店で購入されたものについてはお取り替えできません。
■読者の窓口
インプレスカスタマーセンター
〒101-0051
東京都千代田区神田神保町一丁目 105 番地
info@impress.co.jp

DIGITAL X BOOK

DXの核をなすデータの価値を最大限に引き出す

2024年11月29日　初版発行Ver.1.0（PDF版）

著　者　　佐藤 恵一
発行人　　髙橋 隆志
発　行　　インプレス NextPublishing
　　　　　〒101-0051
　　　　　東京都千代田区神田神保町一丁目 105 番地
　　　　　https://nextpublishing.jp/
販　売　　株式会社インプレス
　　　　　〒101-0051　東京都千代田区神田神保町一丁目 105 番地

●本書は著作権法上の保護を受けています。本書の一部あるいは全部について株式会社インプレスから文書による許諾を得ずに、いかなる方法においても無断で複写、複製することは禁じられています。

©2024 Keiichi Sato. All rights reserved.
印刷・製本　京葉流通倉庫株式会社
Printed in Japan

ISBN978-4-295-60340-5

●インプレス NextPublishingは、株式会社インプレスR&Dが開発したデジタルファースト型の出版モデルを承継し、幅広い出版企画を電子書籍＋オンデマンドによりスピーディで持続可能な形で実現しています。https://nextpublishing.jp/